I0488847

Cultiver des Algues pour Tirer Profit:

Comment Construire une Culture de la Algues Photobioréacteur pour des Protéines, des Lipides, des Glucides, des Antioxydants, des Biocarburants et Biodiesel

Par Christopher Kinkaid

Translation:
par le Dr Lisandro C. Vazquez Hernandez

Copyright © 2014 Christopher Kinkaid
Tous Droits Réservés
http://www.algaetoday.com

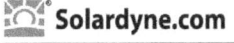
Solardyne.com

Published by Solardyne, LLC
Portland, Oregon

ISBN-13: 978-1500590086
ISBN-10: 1500590088

Index

Prefacio

Les algues sont un miracle de la nature. Riche en acides aminés, des protéines, des lipides, des glucides, des antioxydants, des phycobiliprotéines, et d'autres produits de grande valeur, loas algues sont devenus une nouvelle réserves alimentaires dans toutes les industries.

Ce livre explique comment créer votre propre Photobioréacteur pour la culture d'espèces d'algues pures (taxons).

Les algues sont "moteurs" de la Terre pour brûler la chaîne alimentaire. En tant que «producteur primaire" responsable d'environ la moitié de l'oxygène produit sur la Terre, le potentiel des algues est commercialisé pour produire des produits organiques de valeur. Construisez votre propre kit de culture Photobioréacteur (FBR) pour cultiver valeur des souches d'algues et de chérir l'industrie en croissance rapide des algues.

La culture des algues est fiable et reproductible Kit Photobioréacteur algues Culture pour la photosynthèse contrôlée. Grandi Quatre groupes d'algues différentes en utilisant quatre navires poussent kits évalué à 80 litres de capacité totale d'algues.

Complète avec les systèmes optiques, mécaniques, électriques, pneumatiques et biologiques,

Fotobiorreactores fournissent un contrôle total. Cultiver la monoculture d'algues de kit Fotobiorreactores est très utile pour les chercheurs, les développeurs, les entreprises, les universités, et pour tous ceux qui ont besoin de cultiver des monocultures d'algues avec une pureté et les coûts de construction minimales.

Algues produisent de précieux acides aminés, des protéines, des glucides et des huiles essentielles (lipides) et la consommation de nutriments pollution dans le flot de l'eau. Les espèces d'algues, cultivées dans leur trousse de FBR de croissance, permettent chercheurs estiment l'énorme productivité des algues, capables de doubler leur masse en 24 heures dans une phase de croissance exponentielle. Chercheurs d'algues travaillent pour élaborer des protocoles pour accroître la production.

La croissance d'algues transforme l'eau, des composés inorganiques (CO_2), et la lumière du soleil dans des molécules organiques de grande valeur. Ce livre est écrit comme une ressource pour la construction de votre propre Photobioréacteur des souches précieuses de la croissance des algues.

Et pour les chercheurs, ce livre est écrit comment une ressource pour construire une caisse bioréacteur, évalué à 80 litres, pour la croissance de la monoculture d'algues. Pollution isolé, ces Fotobiorreactores offrent au chercheur un contrôle total sur toutes les entrées et les conditions thermodynamiques, de développer une souche spécifique d'algues monoculture.

Les algues cultivées à des fins lucratives, en utilisant Fotobiorreactores à produire des quantités utiles d'espèces pures (taxons). Cultiver des algues biomasse pour vos expériences, ou de vendre, Photobioréacteur avec ce facile à construire.

À propos du Livre

Cet Book est écrit comment une ressource pour la construction de votre propre Photobioréacteur (FBR) pour la croissance des algues et croissante.

Votre Photobioréacteur peut être construit avec du matériel de laboratoire prêt et disponible dans les magasins pour la fabrication de la bière, et d'autres fournisseurs. Utilisez les contenants en verre, tubes d'essais non-toxiques, et d'autres éléments essentiels disponibles dans les équipements de magasins locaux, de construire leur FBR.

Chapitre premier traite de la vue d'ensemble de l'agriculture algues. Les espèces aquatiques ont des exigences particulières. Les algues sont très fort mais très délicat dans leurs conditions préférées. Algues de producteur peut utiliser Fotobiorreactores (FBR) pour contrôler l'environnement de plus en plus.

Chapitre Deux regards à différentes espèces d'algues d'intérêt quel est le potentiel de valeur substantielle pour l'industrie cosmétique, l'alimentation animale et la nutrition des poissons, des antioxydants et des biocarburants. Comprend une liste d'espèces pour examen.

Le chapitre trois décrit l'équipement de votre Photobioréacteur (FBR) et une liste des pièces détachées. Le FBR contient des éléments d'éclairage, la structure mécanique, une pompe à air avec système de filtre, avec des courbes pâturages, de cesser toute contamination. Le kit utilise FBR verre et tubes en plastique de qualité alimentaire 100% pour introduire de l'air dans les récipients pour la croissance.

Chapitre Quatre couvre d'algues Optique. Etre un "Photobioréacteur" algues ont besoin de conditions optiques spécifiques pour une croissance optimale. Dans ce chapitre, quatre différents "déclencheurs" qui stimulent la louange et exigences taux d'algues et de leurs produits, la croissance du point de vue de l'optique sont discutés.

Chapitre cinq présente une discussion sur les besoins nutritionnels des algues. Comme les espèces aquatiques, les algues et les diatomées sont très sensibles aux éléments dissous dans l'eau, ou l'absence de celui-ci. Les protocoles de croissance d'algues permettent au chercheur de construire un profil de croissance" propre à cultiver une espèce sélectionnée (groupe taxonomique), et de contrôler les métabolites produits par les algues.

Chapitre Six est dirigé vers les réservation d'algues biocarburants. Algues posant accumulation d'huile sont fortement souhaitée. Influence sur le cycle de croissance des algues pour les biocarburants ou le stockage de biodiesel, ce qui permet aux chercheurs d'élaborer des protocoles afin de maximiser la production de lipides.

Le chapitre sept examine les techniques de base pour la mesure des taux de croissance et la production de la culture de la biomasse algale net. Les algues dans l'étape de culture, passer par cinq étapes essentielles. Compensation du point de contrôle climatique, la croissance exponentielle de la phase. Saturation et effondrement. La manipulation des algues à chaque point de sa courbe de croissance classique, donne aux chercheurs la possibilité d'utiliser ce "déclencheurs" réaction à la sortie ou résultat souhaité.

Chapitre Huit analyse la Foire aux réponses sur Fotobiorreactores, sa construction et son fonctionnement. En bref, le mélange, l'échantillonnage, de mesure, et de la culture et de la croissance des algues.

Chapitre neuf est un guide de démarrage rapide pour la construction de votre Photobioréacteur. Traces d'assemblage sa structure mécanique, les bénéficiaires de croissance, pompe à air, filtre et systèmes d'éclairage.

À propos de l'auteur

Christopher Kinkaid

Christopher (Toby) Kinkaid, originaire de Portland, Oregon, est le fondateur de **Solardyne.com**, **SolarQuote.com**, et **AlgaeToday.com**, et a travaillé dans les technologies d'énergie propre pendant plus de trois décennies.

Kinkaid est le nventor i de l'axe vertical générateur de vent "Helyx" concentrateur solaire module PV "Papillon non-imagerie" (fonctionnement continu à Sandia National Laboratory depuis 1994), la lentille optique concentrateur solaire démultiplexeur (Dr James / Sandia National Laboratory, 1991), et est l'inventeur d'un emballage d'origine de l'énergie solaire "Solar Power Pack" (la Terre Mère Nouvelles, "Littlest utilitaire" Juin / Juillet 2001).

Aussi, Kinkaid a été conférencier officiel et présentateur de technologies d'énergie propre dans les différents événements à travers le monde, y compris "APEC" Bangkok, Thaïlande, 2003, "World

Energy Solutions", Tokyo, Japon, 2003, la Conf érence internationale biomasse (IBC), 2010, Minneapolis, MN, et la Conférence sur les algues Organisation biomasse (ABO), 2010, Phoenix, AZ.

Christopher (Toby) Kinkaid est apparu dans les entretiens et interviews à la télévision Koin, KGW TV, et Aujourd'hui durable" produit dans l'Oregon, et a siégé au conseil d'administration de l'Association nationale des Etats-Unis, Washington DC hydrogène, 1993 Société japonaise de communication par satellite (JCNET), Fukuoka, au Japon, de 1994 à 1995, et Algaedyne Corporation, Preston, MN, 2010-2013. Kinkaid est actuellement chef de la direction de Solardyne, LLC à Portland, Oregon.

Kinkaid, rendu basique est actuellement sur la côte Ouest, où il continue son travail en tant que spécialiste dans le développement d'applications et la recherche de l'énergie solaire, éolienne et la biomasse.

Introduction

Les algues sont une force naturelle. Toute la vie sur Terre s'est développée depuis sa création à partir d'organismes unicellulaires. Les algues sont la base de la chaîne alimentaire aquatique, et sont "moteurs" de l'oxygène, et la base de la production alimentaire de notre planète. La moitié de l'oxygène sur la Terre provient des micro-organismes d'algues. Le vif intérêt de l'industrie, "Algues" est généré taux incroyables qui convertissent la chimie inorganique dans certaines des molécules organiques les plus précieux sur des croissances de terre.

Cet Book est écrit pour décrire comment un photobioréacteur (FBR) pour la croissance des algues et des diatomées est construit. Le photobioréacteur (FBR) décrit dans ce livre est conçu et construit à partir de contenants de verre et autres équipements prêts et disponibles dans les magasins et la fabrication de bière et d'approvisionnement des entreprises aux laboratoires. Cet Book inclut une liste de pièces pour construire votre propre Photobioréacteur.

Le photobioréacteur (FBR) permet aux chercheurs de se développer tous les types de divisions taxonomiques algues:

Baciariophyta, Chrlorarchiniophyta, Chlorophyta, Cryptophyta, cyanophycées, Dinophyta,

Euglenophyta, Glaucophytoa, Haptophyta, Herokontophyta, et Rhodophytes.

L'algoculture est le nec plus ultra dans le syndrome "Golidlocks".

Les taux d'espèces aquatiques de croissance sont donnés par une gamme spécifique de conditions, y compris le pH, la température, CO_2 et O_2 dissous, macro et micro nutriments, les ions métalliques spécifiques, les vitamines et les sources de lumière avec un rayonnement actif photosynthétique (PAR).

Un photobioréacteur est un environnement contrôlé de créer, d'apporter la croissance des algues "acte douce" contrôler et de manipuler ces conditions.

Le FBR décrite ici est basée sur les contenants de verre, de tubes de qualité alimentaire non toxique, courbes Pasto pour prévenir tout agent pathogène de leurs récipients de culture, pompes à vide, et des filtres de 5 microns, ce qui élimine toute contamination entrer l'air d'entrée.

Cet eBook décrit l'équipement de photobioréacteur, vous pouvez construire en laboratoire, ainsi que la discussion des éléments nutritifs, l'éclairage, l'oxygène, l'injection de CO_2, et les techniques culturales.

Cultiver des algues et des diatomées à gagner. Les algues sont de plus en plus les marchés dans le monde entier. Certaines espèces (taxons) sont très chers à l'achat auprès de fournisseurs, souvent des milliers de dollars par litre! Construire votre propre Photobioréacteur, obtient ses propres moyens de croître monocultures pures d'espèces d'algues.

Chapter One - Grandir algues
The Big Picture

Les algues sont généralement des espèces aquatiques. Moteurs de la croissance sont basées sur les cellules simples, qui consomment des matières inorganiques et les molécules organiques produites. Les algues, grâce à la photosynthèse, convertir les segments de l'énergie solaire, des oligo-éléments, le CO_2 et l'eau dans un processus d'oxygénation incroyable - la photosynthèse, conduisant à une croissance cellulaire et la reproduction, et de le rendre possible, comme nous le savons, la vie sur Terre.

Les algues en tant que pratiquant, vous essayez d'imiter la nature, la perfectionner, par "gatilleo" des effets différents au long du cycle de croissance des algues, avec un contrôle des mêmes conditions thermodynamiques.

La photosynthèse est apparu enveloppant la Terre quand la vie a besoin d'un "batterie". Le SMA sont protection fragile et nécessaire; avec la jeune Terre bombardée par un rayonnement ultra-violette UV de C, les algues ont donné leurs réponses, telles que la production photosynthétique de nombreuses molécules organiques qui augmentent la réponse de survie des algues. Pour finir envelopper les belles et les plus vulnérables d'ADN ou d'accessoires pigments ont été utilisés antioxydants, les mécanismes d'algues développé pour capter l'énergie solaire plus disponible.

Algues reproduire la nuit, probablement en raison de la présence massive de bombardement UV pendant les heures de lumière du jour, pas plus sur la Terre primitive. ADN répliqué, la nuit, de réduire au minimum les perturbations qui pourraient être causés par l'entrée de la lumière ultraviolette énergétique (UV) à l'intérieur.

Le Fotobiorreactores, comme le kit décrit dans ce livre, de fournir des moyens pour les chercheurs à "influence" sur la croissance de la souche par des changements dans leur environnement, selon le protocole de la croissance à un résultat souhaité.

Compulsando production d'algues pour une sélection

Les algues, qui sont "agréés" à des moments stratégiques de leur cycle de croissance, peut produire des intérêts sélectionnés par les molécules de producteurs. Les molécules choisies sont la cible de la culture d'algues.

La biomasse des algues est produite lorsque le "énergie" de la photosynthèse "dépasse" l'énergie utilisée pour la respiration et la division cellulaire. Le taux de croissance spécifique des algues sera donné votre "thermodynamique" par le «comment» vous cultivez algues.

Le photobioréacteur (FBR) décrit ici vous permet d'ajuster l'optique, contrôle de la température, le flux de CO_2 et O_2 dans la culture, le pH, le mélange de nutriments, si vous ajoutez vos récipients de culture, et "temps" et "taux" à laquelle vous grandissez.

Manipulation des éléments nutritifs, les intensités, la sélection de longueur d'onde et de la photopériode, à sa source de lumière, la température, le pH, la teneur en oxygène dissous et le CO_2, ont des répercussions dramatiques au lieu de contrôler le métabolisme d'énergie les algues.

Le taux de croissance spécifique des algues est le taux de variation de l'accumulation d'algues de masse. Les processus de taux "anabolisants" (photosynthèse) et les processus cataboliques (respiration) de déterminer votre gain net de la biomasse.

Les Fotobiorreactores permettent aux chercheurs de tester la croissance des protocoles par l'ajustement systématique de la plus importante, comme la température, le niveau de lumière, les paramètres thermodynamiques photopériode, tel que décrit, qui est un outil important pour la recherche et marketing.

Les algues utilisent souvent le principal pigment de chlorophylle-a. Ce pigment est important dans le domaine du phytoplancton et est probablement le plus précieux qui fournissent la vie sur Terre molécule.

Les algues ont développé "Pigments enfants" jouer d'autres longueurs d'ondes dans le spectre de conduire les processus chimiques. D'autres pigments réagissent à des longueurs d'ondes additionnelles dans le spectre solaire, et donnent des moyens supplémentaires de transformer l'énergie d'algues pour la survie. L'algue est cultivée en outre une partie du spectre solaire pour gagner de l'énergie supplémentaire pour le métabolisme, la respiration et la division cellulaire.

Pigments secondaires, plus communément appelés "raccords" comprennent la chlorophylle-b,-c chlorophylle, des caroténoïdes et des phycobiliprotéines. Pigments supplémentaires fournissent un avantage évolutif cellules thermodynamique algues. Notre avantage est que nous pouvons cultiver «métabolites» précieuses et produits issus de ces chemins d'accès supplémentaires.

Pigments secondaires fournissent algues précieuses telles que des molécules antioxydantes. Des niveaux élevés de rayonnement UV, comment les stimuli chimiques menacent de les algues et les jeunes. Protéine astaxanthine, très apprécié, a été développé par les algues pour servir de «bloc de soleil" d'être très absorbante de la lumière UV.

Les algues peuvent produire de l'astaxanthine (rouge clair), qui, après avoir enveloppé les molécules d'ADN de grande valeur d'absorber les rayons UV pour les protéger. Lorsque chimique ou UV sur les cellules d'algues ou de stress se produit, un chemin pour la production d'astaxanthine à protéger la cellule se développe.

Les algues sont extrêmement sensibles à leurs conditions et de l'évolution (taux de changement) dans leurs environnements. Le contrôle de ces conditions dans votre Photobioréacteur, vous permettent d'agir sur ses algues pour produire des molécules d'intérêt.

L'équilibre en toutes choses

Le photobioréacteur commence avec un système d'éclairage. Autotrophes sont hautement responsable pour l'énergie optique. L'aspect le plus influent de la culture d'algues est le régime optique que vous utilisez dans votre protocole de culture. Le système optique est dirigée vers les longueurs d'onde et des intensités et des photopériodes.

Chlorophylle a répond à des longueurs d'onde spécifiques, tandis que les pigments secondaires font d'autres longueurs d'onde.

Les Fotobiorreactores ont une plate-forme pour la croissance de certaines espèces (taxons) et la culture élaborer des protocoles pour améliorer la productivité naturelle des algues. Lorsque vous utilisez votre photobioréacteur, avec un programme d'actions, des mesures et des cultures, vous sélectionnez la performance spécifique.

Algues produisent des composés intéressants sur de nombreux marchés vitaux pour les cosmétiques et nutraceutiques. Les huiles naturelles et des lipides, riches en oméga-3 sont très précieux. Le corps humain a développé des algues et de leur part. Les huiles naturelles et d'antioxydants, souvent pas libérés, par rapport aux produits synthétiques pour les consommateurs.

Le "Haematococcus pluvialis" (Hp), un Chlorophyceae (algues vertes), produire plus astaxanthine antioxydant, environ 40.000 ppm quand, a souligné, que n'importe quel organisme connu sur Terre. Cela rend (H. p.) Pour les marchés nutraceutique et cosmétique précieux.

Natural astaxanthine a une valeur de marché de milliers de dollars par livre, et est très appréciée dans les marchés nutraceutiques et de l'aquaculture.

Les algues ont des mécanismes incroyables pour améliorer la production de produits de la photosynthèse quand ils sont, a "souligné." Culture de la biomasse d'algues a des besoins nutritionnels et d'autres que vous pouvez manipuler pour leur cycle global de culture pour produire les produits biologiques souhaités. Soulignant algues augmente ou diminue quelque chose que les algues ont besoin au cours de leur cycle de vie.

Stimuler le stress ou un changement de l'environnement est algues, pour produire une réponse de predictada telles que la production de l'astaxanthine.

Kit de Photobioréacteur, décrit ci-dessous, fournit des équipements dont vous avez besoin pour croître et influencer le profil de la culture des algues.

Les algues ont une grande capacité à influencer la réponse métabolique à produire des niveaux élevés de produit organique choisi, y compris les acides aminés, des protéines, des colorants organiques, des antioxydants, des vitamines et des substances importantes pour les biocarburants: les lipides.

Les lipides (huiles), sont la principale matière première pour le biodiesel (deux acides gras, d'origine animale et végétale, peut être utilisé comme une sauvegarde). Les acides gras peuvent être transestérifiés en biodiesel.

Les lipides produites par les algues sont souvent classés comme des lipides "stockage" (non polaire) et des lipides "structurels" (polaires). Lipides comme «en direct» avec Triac1gliceridos (TAGS) peuvent être transestérification pour produire du biodiesel.

Des chercheurs ont étudié les éléments qui influencent la production d'algues biodiesel dans la limitation des variables dans le cycle de croissance. "Tricherie" pour les algues, en modifiant certaines de ses conditions, peut induire la production de certaines molécules dans le cadre de la biomasse produite. Photobioréacteurs (FBR), les algues permettant le cultivateur d'ajuster les conditions telles que la température, le pH, les niveaux de lumière, la présence ou l'absence de nutriments inorganiques pour produire une sortie ou une réponse souhaitée.

Toute la vie sur Terre, à quelques exceptions près, dépend de la photosynthèse-oxygénation, comme le processus primaire pour produire l'alimentation (pour la base de la chaîne alimentaire) et de l'oxygène.

La photosynthèse est le «producteur primaire» de l'ensemble de la nutrition et l'oxygène dont dépend la vie sur terre et dans les océans. Le "alimentation" pour la photosynthèse est le Soleil, qui délivre une puissance de crête sur la surface de la Terre 1000 Watt / mètre carré.

Pour stimuler la photosynthèse, vous avez besoin pour produire des longueurs d'onde qui dominent les réponses caractéristiques des pigments primaires et secondaires d'algues. Chaque toundra algue leur favori particulier pour tous thermodynamique espace des paramètres.

Chapitre II - Sélection de la souche Alga

Acheter des monocultures (espèces pures) d'algues est très cher - souvent des milliers de dollars par litre!

Les Fotobiorreactores être utilisés pour la culture de la monoculture d'algues, et d'économiser, au fil du temps, potentiellement des milliers de dollars en frais de cultiver des algues.

Espèces d'algues d'intérêt sont sélectionnés pour leur cible spécifique, ou plusieurs molécules de valeur. La sélection des algues est le problème à travailler "à l'envers." Commencez par ce que vous voulez atteindre à la fin, après les récoltes. Espèces (groupes taxonomiques) que vous sélectionnez dépend de ce que vous voulez comment fabriquer le produit final.

Vous cherchez huiles (lipides) pour le biodiesel ou pour l'industrie des cosmétiques? Vous cherchez des protéines complètes (acides aminés) indispensable pour commercialiser l'alimentation des poissons?

Votre choix d'algues dépend de vos résultats. La liste suivante des algues, par exemple, est faite avec une gamme de teneur en lipides (poids sec). Chaque espèce (groupe taxonomique) protocole a sa propre culture, et les taux de la culture. La teneur en lipides du groupe d'algues dépend de sa culture technique, inoculé et comment vous commencez votre culture, le milieu de culture que vous avez ajouté à vos récipients en verre pour la croissance, le régime d'éclairage vous appliquez, et la façon dont vous contrôlez le pH et la température.

Ce qui suit est une liste des espèces d'algues (groupes taxonomiques) utiles et de valeur:

Chlorella vulgaris

Chlorella minotissima

Ankistrodesmus sp.

Crypthecodinium cohnii

Scenedesmus sp.

Cyclotella sp.

Dunaliella tertiolecta

Hantzchia sp.

Nannochloropsis

Neochloris oleoabundans

Nitzschia sp.

Phaeodactylum tricornutum

Stichococcus sp.

Nannochloris

Thalassiosira pseudonana

Tetraselmis suecica

Botryococcus branuii

Superstar *Chlorella vulgaris* - a été bien étudié pour sa haute productivité. Le biodiesel d'algues sur la base de Chlorella vulgaris a des avantages à offrir en termes de taux de croissance élevés, et certains produits à traiter, y compris la paroi cellulaire très difficile, ce qui est nécessaire pour atteindre les intérieurs de rupture huiles

Chlorella vulgaris un Chlorophyceae (algues vertes) pousse bien en utilisant les taux de nutriments connus C: N: P: K. Limitation de l'azote (par rapport à d'autres nutriments), la Chlorella vulgaris réagit en produisant plus amidons, acides lipidiques gras insaturé.

Les acides gras polyinsaturés sont un excellent prix. Le "nutriment limitée" détecte une petite crise et de produire plus de lipides pour stocker de l'énergie pour un déficit prévu Alga.

Si vous sélectionnez une souche pour la production d'acides gras polyinsaturés des lipides, Chlorella vulgaris est un excellent choix. Chlorella minotissima, de l'embranchement Chlorophyta, lorsque l'azote est limitée dans la production de 39% d'EPA (oméga-3 acides gras acide eicosapentaénoïque), très apprécié sur les marchés nutraceutiques et de biodiesel.

L'algue Nannochloropsis a montré une grande lorsque la production de biodiesel a été influencée par la limitation en nutriments.

Le Nannochloropsis est composé de six groupes identifiés, chacun promettant, et de vivre dans l'eau salée, eau douce et eau saumâtre.

Le Nannochloropsis, cultivée dans des conditions appropriées, peut accumuler jusqu'à 60% en poids sec d'acides gras poly-insaturés, des protocoles d'azote Limited.

Cela rend le livre Nannochloropsis façon fort potentiel valorisée dans l'industrie du biodiesel.

Chapitre III - Construisez votre propre Photobioréacteur

Vous pouvez construire votre propre en utilisant 4 Photobioréacteur contenants en verre pour la croissance. Vous construisez une structure en PVC, et placez deux lampes fluorescentes à la fin de ladite structure sur les contenants de croissance. Pompes aquarium placé à pomper de l'air et du CO_2 dans les récipients. Les conteneurs ont "Maison" dans les extrêmes de type 2 trous.

Votre système de photobioréacteur comprend:

Limiteur de temps, la structure mécanique, faite de tuyaux en PVC, équipement d'atelier obtenu.

Quatre (4) Les récipients en verre de 20 litres croissance c / u, avec des tuyaux, prises et accessoires non-toxiques de qualité alimentaire 100.

Avec pompe pneumatique Filtres à air bactéries en ligne pour l'aération et le mélange stérilisé avec des vannes de sortie "Pasteur Courbes," pour éviter la contamination du groupe taxonomique.

Facile à assembler et sanitarizar pour différentes séries de groupes taxonomiques de production.

Le FBR avec quatre récipients notés à 80 litres (20 litres par c / u) peut être utilisé pour un groupe taxonomique des algues de la monoculture. Vous pouvez également utiliser chaque conteneur à utiliser un groupe taxonomique complètement différente et séparée en quatre groupes taxonomiques différents avec ce kit croissance des algues.

Chaque croissance des vaisseaux est indépendant des autres navires, avec ses propres bactéries du filtre et des soupapes de sortie taper "courbes Pasteur."

Le photobioréacteur complet comprend:

Éléments mécaniques
Pneus Articles
Filtrer éléments biologiques
Éléments optiques
Fusibles électriques / Système de minuterie photopériode

Les filtres biologiques pour chaque conteneur, stériliser le flux d'air dans le récipient de culture, et les soupapes d'échappement "courbes Pasteur" ne permettent pas de contamination d'un flux de retour dans leurs récipients de culture.

Utilisez la verrerie et Pyrex matériau de type verre de 100% de qualité alimentaire non toxique pour les composants sensibles.

Le système optique complet produit de la lumière du rayonnement photosynthétiquement actif (PAR) avec une densité de flux de photons de plus de 200 micro-moles/m2/seg réglable changement de la hauteur de la lampe, et comprend dur minuterie. Les kits comprennent tous Verrerie et accessoires, pompes à air pneumatiques, structure mécanique, système électrique fusibles-Tout ce que vous avez besoin (matériel) à commencer à cultiver les cultures d'algues.

Tous FBR croissance des algues comprennent Sanitarizador évaporation Non toxique à la culture répétée. Le kit DIY Photobioréacteur la croissance des algues comprend:

Deux (2) Structures Ballast T8 Lampes à haute efficacité Fluorescent Light, quatre (4) à haute efficacité des lampes 6500K (20000 heures). Un (1) minuterie Duro (lampes sont connectés à fixer votre photopériode).

Un (1) Power Strip avec Fuse

Un (1) Kit pour la structure mécanique. Couper et accessoires pour un montage facile. La structure "mécanique" est composé de tuyaux en PVC, 3/4" à 1.5" (19 à 38,1 mm), en fonction de votre sélection, disponible dans l'équipement de magasins. Couper des morceaux cône suit:

Huit (8) segments longitudinaux 18 "c / u (457,2 mm)
Huit (8) des segments latéraux 22 "c / u (558,8 mm)
Six (6) segment vertical 20 "c / u (508 mm)
Huit (8) de3-Way coin
Huit (8) Connecteurs moyenne 3-Way

Assembler la structure ci-dessus. Structure soutient les lumières, et définit un espace intérieur où les conteneurs de croissance sont placés sous les lampes.

Quatre (4) Les récipients en verre pour une puissance de 20 litres de capacité c / u croissance

Quatre (4) des tubes en verre Pyrex pour l'aération entrée à la croissance des cultures.

Quatre (4) bouchons de qualité alimentaire 100% des conteneurs non toxiques pour la croissance / Tuyau / accessoires.

Quatre (4) clapets anti-retour de type «courbes Pasteur" Grade 100% Alimetario non-toxique

Deux (2) Pompes à air haute efficacité (4000 cc / min) sur quatre conteneurs de croissance. Ajouter un "espaceur" pour vous aérer 2 cuves indépendamment pour chaque

Quatre (4) clapets anti-retour (pour protéger les pompes à air)

Quatre (4) des filtres bactériens en ligne (un pour chaque élevage du conteneur) au prix de 0,22 µ m. Placer les filtres bactériens entre la pompe et chacune des cultures conteneurs.

Vingt (22) pieds (6,7 m) Pipe Line de qualité alimentaire 100% non-toxique.

Un (1) litres de qualité alimentaire évaporation Sanitarizador 100% non-toxique.

Le kit contient total (96) Parties.

Puissance: 148 Watt.

Coût de l'opération: Moins de 2 cents par heure (0,12 USD / kWh d'électricité)

Empreinte: 8 pied carré (0,743 m 2), hauteur: 3 m (0,914 m), Largeur: 2 pieds (0,609 m) Longueur: 4 pieds (1219 m), Poids: £ 57 (25,9 kg).

Chapitre IV - Optique Algues

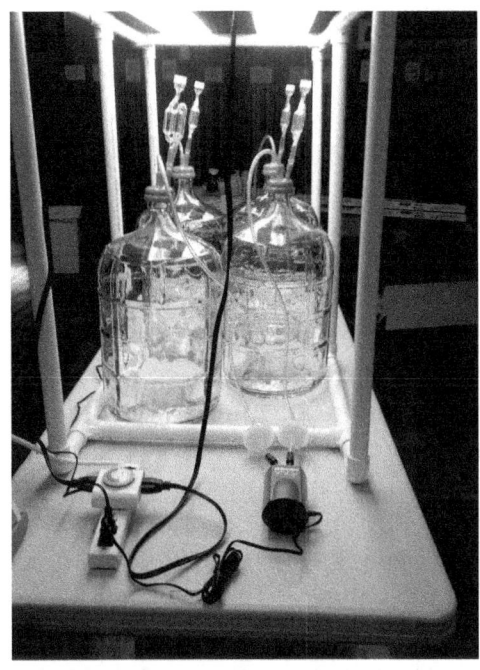

Les longueurs d'onde des intensités de photons et la photopériode sont cruciales pour les algues, car ils ont besoin d'un état de "Boucle d'or" pour atteindre la croissance exponentielle.

Induit ajoutant lumineux "saturation lumineuse," qui se produit lorsque vous avez surchargé les centres de photoréaction dans les cellules, et il arrive que la lumière ne provoque plus le processus. En fait, si vous n'avez pas atteint les conditions de "saturation de lumière" alors inhiber la photosynthèse, cet effet est l'inhibition de la lumière.

Ajouter très peu d'intensité de photons signifie que vous ne serez pas atteindre le "point de compensation" nécessaire pour la photosynthèse nette. La rémunération est lorsque votre algue produit un gain net de la biomasse algale. Ce "point de compensation" est l'endroit où la photosynthèse dépasse l'énergie nécessaire à la respiration et la division cellulaire.

Les algues se développent lorsque l'intensité des photons entre «point de compensation" et "saturation de lumière" dans la courbe de croissance. Remarque: Une des plus grandes erreurs faites par les producteurs d'algues est l'utilisation excessive de la lumière.

Thermodynamique, une fois que vous atteignez le niveau de "saturation" de l'intensité de la lumière, les photons supplémentaires ajoutés au système ne mènera pas la meilleure ou plus rapide processus. Réglez la hauteur de la structure pour ajuster l'intensité de la lumière.

Utilisez un mètre Quantum lorsque cela est possible, de mesurer avec soin le rayonnement actif de la photosynthèse (PAR) de 400 nm à 700 nm, la densité de puissance ou micro-Einstein/m2/ segundo micromoles de photons. Les photopériodes sont essentiels pour la croissance des algues. Le cycle jour-nuit est une influence fondamentale sur la croissance des algues.

Votre sélection de photopériode a des effets dramatiques sur le cycle de vie des algues, la façon dont chaque espèce a son cycle jour-nuit préférée.

La technologie LED permet à des chercheurs pour correspondre à la "émissivité" de LED émettant la "capacité d'absorption" de pigments primaires et secondaires dans les algues. Toutefois, les LED souvent ne coïncident pas exactement avec les réponses de "pic" longueur d'onde de certains pigments.

Nouvelles LED organiques (OLED) permettent le "émissivité" de LED est "réglable" et tomber exactement dans la longueur d'onde maximale du pigment. L'adoption de LED pour émettre culture d'algues fournira un rendement élevé (vous ne énergisant la longueur d'onde nécessaire), à basse température (LED de travail à froid) et de contrôle élevé sur l'intensité et la durée.

Kits Photobioréacteur utilisant des lampes T8 que vous pouvez utiliser avec un certain nombre de lampes qui ont ce format. T8 lampes LED peuvent être obtenus en ligne ou localement.

Utilisez le kit photobioréacteur pour la culture d'algues pour les biocarburants et le biodiesel. La production de biodiesel à partir d'algues a des débouchés extraordinaires parce que la pression de transport sur les producteurs à utiliser le biodiesel plus diesel plus grandes industries.

Le marché du biodiesel est grande, y compris les camions, les trains, chars, de matériel agricole, de la construction, sans oublier qu'il existe déjà des voitures de transport de comment et camions au biodiesel. Le biodiesel à partir d'algues en utilisant les flux de déchets avec est surchargé avec du phosphore et de l'azote qui peut être considérée comme nutriments. Ces minéraux sont très précieux, en particulier le phosphore.

Le biodiesel à partir d'algues, est utilisé pour nettoyer les cours d'eau de combinaison précieuse de P: K: N pour produire deux sources de revenus: billets pour le nettoyage de l'environnement et de l'entrée en biodiesel produit.

Les algues ont "pigments accessoires" tels que la chlorophylle-b, la chlorophylle-c, qui absorbent des pics correspondant aux bandes de longueurs d'onde du bleu-violet et orange-rouge, mélangé doucement. D'autres pigments accessoires comprennent des caroténoïdes (bêta-carotène) pics d'absorption à des longueurs modifiées pour capturer des longueurs d'onde différentes de celles des pigments primaires tels que la chlorophylle-a-ondes.

Pour chlorophylle - chlorophylle-a et b, chaque "pic" doit être activée simultanément. Tout le monde - ensemble, gère une voie photochimique actif dans le photosystème II et photosystème I, conduisant à des processus Lumino-dépendantes de la photosynthèse.

Photosynthèse fonctionne en deux parties distinctes: luminodependientes réactions (centres de photoréaction) de "oxydant" l'eau, et les réactions de lumière indépendante (cycle de Calvin Benson) à "réduire" le CO_2 pour produire les blocs de construction de tous les d'autres molécules organiques: les sucres simples.

Kits pour cultiver des algues Photobioréacteur sont conçus pour les algues chercheurs. Cultiver des algues pour produire des projets de production de biodiesel et nutraceutiques. Développer paramètres pH, la température, l'intensité lumineuse, l'éclairage de la photopériode, l'absorption des nutriments, et d'autres variables afin de maximiser les résultats de la culture d'algues. Lors de la photosynthèse des algues "oxydée" eau pour faire pousser un électron et un proton, libérant de l'oxygène comme un déchet de la production d'algues.

L'eau est oxydé pour produire une paire de protons et de neutrons. Une fois formés, les particules chargées sont séparées créer un "différence de potentiel" pour entraîner la chaîne de transfert d'électrons porter le fardeau qui sera utilisée plus tard dans le cycle de Calvin-Benson à construire des molécules organiques.

Le cycle de Calvin-Benson chimiquement "réduite" de CO_2 (fixation du carbone) et construit glucides simples à stocker de l'énergie.

Algues doit Eyewear. Fotoflujo densité, le taux d'énergie fournie à la culture d'algues, a été mesurée sur une large plage allant de la plus petite valeur de 2 micromoles de fotones/m2/segundo à une valeur plus habituelle de 80 à 200 micro-fotones/m2/seg mol.

L'énergie des photons pour la croissance des algues dans Fotobiorreactores a trois considérations importantes:

Longueurs d'onde photosynthétique
Photon intensité
Photopériodes

kits de Photobioréacteur croissance des algues fournissent un contrôle optique sur ces trois facteurs.

Utilisation universelle lampes T8 vous pouvez alimenter les lampes de différents spectres dans l'installation de lampes inclus dans le kit de concevoir tous les types d'expériences optiques culture des algues.

Protocoles algues qui poussent dans Fotobiorreactores fournira vous permet de contrôler la pénétration de la lumière. Étangs et d'autres approches à l'extérieur la culture des algues a un gros problème avec le "inhibition par la lumière."

Inhibition lumière se produit lorsque les algues qui poussent sur la surface d'un étang et bloque la lumière de pénétrer dans la colonne d'eau. Cette croissance des algues de surface "éclipse" les algues se trouve sous et produit une inhibition de la croissance.

Un paradoxe pour la croissance des algues dans les étangs est que plus il grandit, plus les algues trouble. L'inhibition de la production de limites claires culture d'algues dans les étangs à une profondeur de 1 à 2 cm. Les algues sont des espèces aquatiques qui nécessitent des conditions environnementales spécifiques pour se développer. Cela inclut la température, le pH, le CO_2 dissous et O_2, les nutriments disponibles, macro et micro, la lumière entre 400-700 nm RFA et de la photopériode régulière.

La densité de photons photosynthétiques Flux (DFFF) décrit l'énergie libérée par le système optique. Les densités de puissance requis pour RFA est dans une gamme, groupe taxonomique spécifique, allant d'aussi petites valeurs de 2 micromoles fotón/m2/segundo Arctic algues à plus de 200 micro-moles fotones/m2/segundo pour espèces les plus typiques d'algues.

FBR kits sont conçus pour produire une valeur nominale de 300 lumière micro-moles/m2/seg RFA. Vous pouvez modifier ces montants en ajustant la hauteur de votre système d'éclairage. Vous pouvez modifier ce montant en ajustant la hauteur de votre système d'éclairage.

Kits croissance des algues complètement structuré. système d'éclairage, système de contrôle de puissance, la croissance des cultures et des récipients en verre et pyrex, filtres bactériens, "Courbes Pasteur" et les systèmes de pompe à air. Fotobiorreactores kits sont conçus pour vous de développer les monocultures d'algues précieux.

Les algues sont fournies (les chloroplastes contenant les centres de photoréaction), de telle sorte que tout se produire sur la surface des cellules. Lumière entrant dans une colonne d'eau est absorbée ou réfractée sur son passage. Les particules présentes dans l'eau, y compris les algues, dissipent la lumière qui n'est pas absorbée. La dissipation de la lumière est un avantage pour les algues et que «normalise» la direction des photons et permet aux cellules de capter et d'utiliser des photons dans toutes les directions.

Photons dans l'eau "dissiper" et "absorbés" dans toutes les directions, y compris à nouveau, de sorte que la lumière sur l'eau donne un profil très actif sautant de haut en bas pour normaliser les trajectoires des photons équilibrer la distribution de lumière (photons) dans la colonne d'eau.

Photopériode qui sont essentiels pour la croissance des algues. Le cycle quotidien de jour-nuit est une influence majeure sur la façon dont les algues évoluent. La photopériode a des effets dramatiques sur le cycle de vie des algues et chaque espèce a son cycle jour-nuit préférée.

Beaucoup se produisent cultures d'algues en utilisant une photopériode de 12 heures de lumière et 12 heures d'obscurité. Cependant, l'allongement ou le raccourcissement des temps impacts de la physiologie et de la réponse des cellules. Si vous augmentez les "heures de soleil" algues savent que l'été arrive et augmenter la réponse photosynthétique.

Si vous réduisez la "heures de soleil" algues répondent que l'hiver prochain la production de plus de lipides. Algues biodiesel sont une véritable source de carburants de transport neutre en carbone. Elles peuvent être cultivées en utilisant les flux de déchets de l'agriculture et de l'élevage, avec vraiment neutre en carbone. Carbone pour la croissance des algues provient de l'atmosphère, et retourne à lui quand il est consommé.

pigments photosynthétiques sont disponibles pour capturer des protéines spécifiques photon d'énergie est essentiel pour la photosynthèse.

La lumière (énergie de photons) est le facteur le plus important pour le facteur de croissance d'algues. (Bien que toutes les conditions thermodynamiques sont importantes). La photosynthèse est le principal mécanisme d'entraînement de la croissance des algues et son importance pour la culture commerciale des algues est dominante. Les algues nécessite des longueurs d'onde spécifiques avec l'énergie des photons dans la gamme de 400 nm à 700 nm.

La lumière du rayonnement photosynthétiquement actif (PAR) se réfère à l'ensemble du spectre de longueurs d'onde dans laquelle les pigments peuvent répondre. Tous photosynthèse oxygénique sur Terre est dirigée par des longueurs d'onde comprises entre 400 nm et 700 nm - pas atteint une "octave" des fréquences de la lumière - une étroite compte tenu de la large bande du spectre électromagnétique.

Pigment principal utilisé dans l'univers est algues chlorophylle-a. Elle est probablement la molécule la plus importante du monde en raison de sa capacité à capturer ces photons en fonction des besoins des centres de photoréaction I et II pour gérer les réactions dépendant de la lumière photosynthétiques.

Pigments secondaires tels que la chlorophylle-b, les caroténoïdes et les phycobiliprotéines, sont des protéines sélectionnées capture et absorbent les photons. Énergisant une "cascade" d'effets est la capture des photons est la plus importante. Maximiser pigments d'algues en stimulant les deux pics dans sa capacité d'absorption du spectre.

La culture des algues Kit Photobioréacteur vous permet de contrôler les conditions optiques tels que l'intensité lumineuse du rayonnement photosynthétiquement actif (PAR) qui est vital pour la croissance des algues. La photosynthèse dans les algues fonctionne sur une large gamme de conditions en fonction de l'espèce, mais les longueurs d'onde et l'intensité de l'énergie des photons sont thermodynamiquement la plus importante.

Les algues poussent RFA en utilisant la lumière dans la gamme de longueur d'onde de 400 nm à 700 nm. intensités lumineuses RFA allant d'une valeur aussi faible que 2 micromoles fotones/m2/seg arctique pour les algues à 200 micromoles de photons / m2/seg pour les espèces les plus communes d'algues. Chaque espèce a son intensité de photons préféré, une collection de longueurs d'onde actives et photopériode pour permettre un cycle de lumière et l'obscurité.

Les longueurs d'onde précises que les algues peuvent être utilisées dans la photosynthèse oxygéné de pigment primaire dépendant (chlorophylle-a) qui présente deux pics d'absorption, l'un dans la partie du spectre du bleu-violet, et l'autre dans le rouge-orange.

Chapitre Cinq - Nutrition Algues

La croissance des algues dépend de nombreux facteurs, y compris le milieu nutritif de croissance que vous choisissez pour vos espèces spécifiques (groupe taxonomique).

Nutriments limitants tels que l'azote, a un effet considérable sur de nombreuses espèces d'algues pour produire des lipides. Les chercheurs utilisent ces nutriments et d'autres facteurs limitants pour stimuler les algues pour produire le produit organique désiré. Chlorella vulgaris est bien connu de produire des quantités importantes de lipides et l'amidon lorsque de l'azote est limitée.

Kit de Photobioréacteur (FBR) algues La culture est un outil pour les chercheurs de concevoir des mélanges d'algues en nutriments spécifiques qui améliorent les taux de récolte et la production nette de la biomasse algale.

Les algues, les diatomées et les cyanobactéries exigent macro et micro nutriments, les ions dissous, métaux traces, et diverses vitamines de prospérer. Le milieu de culture est divisée algues dans l'eau douce et l'eau salée. Il n'ya pas de milieu de culture universelle pour tous les groupes taxonomiques. Par conséquent les chercheurs sont obligés de prendre le plus grand soin la façon dont le milieu est composé, enregistré et utilisé.

Recettes algues milieux de culture

Les macro-nutriments requis par les algues, les diatomées et les cyanobactéries comprennent le carbone, l'azote, le phosphore, le silicium et les ions majeurs, y compris Na, K, Mg, Ca, Cl, SO4 ay comme une base moyenne.

Les micronutriments sont des éléments essentiels de trace, qui est inclus dans le fer, le manganèse, le zinc, le cobalt, le cuivre, le molybdène et une petite quantité de sélénium métalloïde.

Les vitamines sont essentielles pour la croissance des algues, en particulier trois: la vitamine B1 (thiamine - HCL), vitamine B12 (Cianocolbalamina), et de la vitamine H (biotine). Beaucoup d'algues de préférence seulement besoin d'un ou deux d'entre eux, selon les espèces, mais ne semble pas nuire à les utiliser toutes les trois.

L'ajout d'oligo-éléments est une entreprise de culture d'algues délicate. Assez faibles quantités de métaux en traces tels que le fer. Le cuivre, le zinc et le cobalt sont essentiels pour les processus photosynthétiques. Remarque: Tous les oligo-éléments sont toxiques pour les algues si les concentrations sont très grandes. Un grand soin doit être pris pour ne pas mélanger microgrammes / litre à milligrammes / litre.

Elément de Fer - nécessaire pour tous phytoplancton et sert des fonctions métaboliques essentielles pour le transport d'électrons.

Élément manganèse - est un des principaux centres de l'oxydation de l'eau dans le composant de la photosynthèse.

Elément de zinc - comme le manganèse, est utilisé par les algues, les cyanobactéries et les diatomées pour une variété de fonctions métaboliques. Une plus grande utilisation du zinc est dans la formation de la "anhydrase carbonique" - cette enzyme essentielle est essentiel pour le transport de CO2 et la séquestration du carbone.

Cuivre élément essentiel - est essentielle à la vie de tous phytoplancton en raison de leur rôle dans le "cytochrome oxydase" - une protéine essentielle dans le transport d'électrons respiratoire dans algue cellulaire.

Recettes des éléments nutritifs milieu de culture sont également enregistrés recettes comment un maître-chef dans les arts culinaires.

Développez vos propres recettes et découvrir le mélange parfait de nutriments pour gérer la croissance exponentielle des algues.

espèces d'eau douce utilisent généralement un milieu de culture divisé en trois catégories marquées: synthétiques, et l'eau enrichie avec le sol. Le milieu de culture est un milieu synthétique choisi par l'investigateur doit être muni d'un moyen simplifié et spécifiquement défini. Exemples: "Gras Basal Medium" signifie Chu # 10, BG-11 moyen et moyen toilette.

Il est un grand art de préparer le milieu de culture algues d'eau douce. Veillez à ne pas utiliser d'eau distillée ou l'eau du robinet. Les contaminants métalliques traces d'eau distillée ou du robinet peut envenerar culture d'algues. Le milieu de culture enrichi est préparé par l'ajout de substances nutritives pour le cours d'eau naturel ou de l'eau de lac, ou par enrichissement d'un sol synthétique ou extrait de plante. Le milieu d'enrichissement est indéfinie parce que vous composés organiques et inorganiques qui peuvent être présents.

Le Pioneer en algues Redfield (1938) décrivent des méthodes pour maintenir en permanence isolé à partir de cultures de diatomées marines - riche en oméga 3 d'huile en grande quantité pour les expériences de laboratoire.

La procédure comprend une Redfield biomasse algale culture stratégique à un certain point dans leur phase de croissance exponentielle. Les montants de masse sèche en kilogrammes diatomées ont été cultivés et récoltés pour des expériences de l'aquaculture au niveau du laboratoire.

Redfield biologie est célèbre pour son "rapport Redfield" de composition essentiel de la recette photosynthétique pour le mélange des éléments nutritifs, utilisés dans la croissance des algues. Le taux de 106 Redfield carbone: azote de 16: 1 du phosphore est une pierre angulaire croissance des protocoles et de la culture d'algues, et a été modifiée par de nombreux chercheurs pour inclure des métaux en traces d'ions qui sont nécessaires pour la croissance des algues dynamique .

La culture Kit Photobioréacteur algues est un outil pour mesurer les taux de biomasse et les montants de la culture d'algues grâce à la croissance des algues directe croissance.

La culture des algues nécessite la gestion, la planification et la mise en œuvre d'une culture spécifique de protocole.

Espèces d'algues a appétits très spécifiques pour le milieu de culture, et ne mélange universel de nutriments qui peuvent travailler pour toutes les espèces également. Par conséquent, les chercheurs utilisent Fotobiorreactores pour le contrôle de la croissance photosynthétique dans un environnement contrôlable.

L'utilisation d'une émulsion eau-sol au moyen d'un procédé d'enrichissement du milieu de culture en utilisant les ressources naturelles qui se trouvent dans le sol. Sélectionnez le mode "nettoyer" le sol que possible. Ne pas sélectionner le matériau argileux et sec à basse température.

Une fois sec, il doit réunir à travers un tamis pour obtenir de petites particules. Ajouter l'eau et laissez-le reposer et se déposent au fond. Diffusion naturelle permet composés caractéristiques essentielles de l'humus y compris le pH, la conductivité, les ascenseurs organiques, nutriments et vitamines soif diffuse dans le milieu de culture.

kit de Photobioréacteur (FBR) la culture d'algues vous permet d'expérimenter avec les protocoles nutriments et croître les algues. Développez votre propre recette pour les nutriments spécifiques que vous souhaitez cultiver des algues.

qualité de l'eau est l'un des points de départ les plus importants lors de la conception milieu nutritif. La dH2O se réfère généralement à l'eau distillée ou de l'eau déminéralisée. dH2O pas utiliser d'eau (distillée) en raison de contaminants ioniques trace.

Utilisez RO eau ou de l'eau distillée dans le verre comment point de départ de la prescription milieu de culture synthétique. Le mélange nutritif à l'autoclave pour stériliser l'eau avant d'entrer dans l'algue inoculant.

Chapitre Six - Algues pour les Biocarburants

"L'utilisation d'huiles végétales pour le carburant du moteur peut sembler insignifiante aujourd'hui, mais ces huiles peuvent devenir, au cours du temps aussi important que le pétrole et les produits de goudron de houille aujourd'hui." (Rudolf Diesel - 1912).

Le marché des combustibles liquides dans les seuls États-Unis dépasse 1,8 milliard de dollars par jour.

Protocoles pop accumulation huiles d'algues et peuvent percer ces marchés avec des carburants à base d'algues et carbone neutre.

Les algues et les diatomées huiles qui s'accumulent sont des marchés clés pour grande échelle de biodiesel et les biocarburants à base d'algues.

Les diatomées et les algues peuvent être cultivées dans des photobioréacteurs. Les algues, comme réserve de nourriture pour les biocarburants et le biodiesel, sont atteints avec la production de l'accumulation de l'huile dans son état de repos ou de sommeil algues. Utilisez des kits pour cultiver des algues photobioréacteur FBR et mener leurs propres expériences pour augmenter la bio.

La culture des algues pour le biodiesel représente la plus grande opportunité du siècle de marché. Les carburants de transport, y compris le biodiesel, ce qui représente un marché quotidien de plusieurs milliards de dollars. Le biodiesel algal à répondre à cette demande nécessite une production quotidienne d'environ 80 millions de barils d'huile végétale. Algues biodiesel peut produire ce volume parce que notre flux de déchets organiques dépasse largement cette valeur.

Algues biodiesel a un argument de poids économique, comment les flux de déchets augmentation de la pollution de l'eau contient les nutriments les plus importants pour la croissance des algues à grande échelle. Les plans d'eau sont plus stressés avec de l'azote, de phosphore, de potassium ay autres articles dans nos sources de pollution de l'eau. Les algues de biodiesel peut nettoyer (carbone neutre) et "traiter" la pollution de l'eau produisant de l'eau propre et de carburant biodiesel. Pollution de l'eau peut être redirigé vers la culture des algues pour la production de biodiesel en résolvant deux problèmes simultanément.

Flux de déchets organiques a "jetés" dans les cours d'eau fragiles peuvent être dérivées comment une source importante de nutriments pour la culture d'algues pour le biodiesel. Le biodiesel algal peut être produit dans de nombreux endroits en utilisant des déchets organiques locaux flux accroître la sécurité énergétique pour les réseaux biodiesel à base d'algues.

Vous pouvez sélectionner des espèces d'algues avec sorties Lipides pour réserve biodiesel. Si votre intérêt est de l'éthanol, puis de trouver une souche particulièrement féculents.

La culture des algues pour la production de biodiesel commence avec la croissance spécifique de protocole d'algues biodiesel

Kits Photobioréacteur (FBR) culture des algues sont conçus pour cultiver des algues sur leurs protocoles pour produire la croissance des algues des molécules organiques d'intérêt. Le biodiesel à base d'algues cherche à prendre les ressources de la pollution de l'eau (N, P, K) et de réorienter une réserve pour la production d'algues pour le biodiesel. Kits Photobioréacteur (FBR) culture des algues permettent de faire varier les principaux paramètres thermodynamiques.

Contrôle de l'intensité lumineuse, la longueur d'onde et de la photopériode, les nutriments du milieu de culture, l'aération pneumatique et espèces d'algues.

Il existe de nombreuses techniques pour la culture d'algues, et ont été décrites pour «pousser» les algues pour produire plus de ce que vous voulez. Production de biodiesel algues de insaturé recherche transestérifiées plus efficacement les lipides pour obtenir du biodiesel.

Sélectionnez vos espèces de lipides à base d'algues que vous souhaitez produire. Choisissez votre algues sur la base des éléments nutritifs que vous souhaitez utiliser. Le biodiesel algal vous oblige à travailler dans la plantation, élevage, gestion des éléments nutritifs, la récolte, la déshydratation et le séchage des algues comme un processus commercial.

Choisissez vos espèces d'algues pour le biodiesel selon la façon dont vous ou d'autres essayez de séparer l'huile de la biomasse algale. Beaucoup d'entreprises et les universités développent des techniques de séparation des huiles que vous pouvez accéder. Le plus commun est une centrifugeuse.

Les algues de biodiesel nécessite des technologies commercialement évolutives, et tout commence dans les photobioréacteurs de laboratoire algues de culture.

La culture des algues pour le biodiesel exige que tous les intrants et les processus sont quantifiés et reproductible. Travaillez sur vos fotorrégimen régime nutritif et de développer leurs propres protocoles.

limitation des éléments nutritifs, variation de température, les changements dans les niveaux de luminosité et de photopériode, pH et autres «stimulus» peut provoquer une réaction d'algues.

limitation de l'azote a été fréquemment rapporté à "induire" la production de plus de lipides.

Algues biodiesel est un moteur à croissance rapide de la biomasse qui peut conduire à des huiles. La production de biodiesel algal a de nombreux courants de valeur. La culture des algues pour la production de biodiesel vise à «influence» dans les algues pour produire des huiles.

La production de pétrole dans les algues peut être "induit" avec des variations de leurs exigences de production des acides gras insaturés, plus la consommation de poly pollution de l'eau dans le processus.

Algues pour les carburants de transport sont une partie importante de la grande transition du 11ème siècle vers la société industrielle durable.

Utiliser les kits de croître photobioréacteurs d'algues à cultiver et à enquêter sur les algues pour la production de biodiesel. Algues biodiesel sont généralement "traitée" d'abord enlever les huiles de la biomasse algale. Les matières solides restantes dans le "tourteau" sont une bonne nourriture pour animaux et des exploitations piscicoles.

La tarte-Presse algues avec la plupart des huiles extraites de biodiesel qui laisse la biomasse de prise en charge nutritionnelle moins huilé idéal. Loas "huiles" ont été extraites finances "gâteau - proie" plus appropriés pour l'alimentation et le poisson animal.

La "tarte-barrage" est riche en acides aminés, des protéines essentielles, des antioxydants, des vitamines et des oligo façon excellente les huiles et les poissons de l'alimentation animale. Les huiles extraites sont ensuite traitées par la transestérification pour produire un stable, glissant d'algues biodiesel.

Technologie Clean Water biodiesel algal, technologie de biodiesel Produire algues nettoie l'eau, produit précieux animal d'alimentation et de la pêche, et les algues biodiesel produit des moteurs diesel pour utilisation dans les transports et pour les marchés de production électrique.

Les algues offrent de grandes opportunités pour la production d'huiles (lipides) pour sa grande efficacité inhérente, et la capacité d'utiliser des produits de déchets comment les nutriments.

Les chercheurs et les entreprises ont une meilleure compréhension de la façon de fournir et de contrôler la culture de l'environnement, la façon dont la culture kit de Photobioréacteur de Algues Algues d'aujourd'hui, d'augmenter la monoculture d'algues qui produisent des niveaux élevés de composés organiques précieux - choisi - une grande valeur pour l'industrie.

Biocarburant et de biodiesel pour la culture de souches d'algues riches en huiles et lipides de stockage est la clé.

L'un des grands pionniers de la culture d'algues, et chercheur de la photosynthèse était Otto Warburg (1919), à Berlin, en Allemagne. Warburg a travaillé dans la culture dense de Chlorella, et de nombreuses autres espèces (taxons). Warburg était un grand visionnaire comment utiliser réserve alimentaire d'algues pour l'alimentation et les biocarburants animaux et des poissons.

Le biodiesel algal offre de nombreux avantages pour les marchés de transport. Disponible partout, les deux stocks de déchets organiques en tant que nutriments   permettent la production de biodiesel dans tous les pays.

Croissante des algues pour les biocarburants utilisent le puissant moteur de la photosynthèse pour faire industriellement ce que les plantes font naturellement: le recyclage du carbone.

Le biodiesel algal est neutre en carbone. Le dioxyde de carbone CO_2 dans l'atmosphère est captée et transformée en protéines, glucides et lipides (huiles) pour la séquestration de carbone en utilisant la chlorophylle a et d'autres pigments qui conduisent la photosynthèse. La Le carbone est "réduite" et l'eau est "rouillé" la fixation du carbone dans les molécules de la vie

Lipides biodiesel d'algues utilisés pour la transestérification et le biodiesel devient stable.

Le consommer ou algues combustion de la biomasse organique CO_2 d'oxyde de composés réforme qui retourne dans l'atmosphère. Le cycle du carbone algues est neutre en carbone-Pas de nouveau le CO_2.

Le marché des carburants de transport aux États-Unis est peu plus de 1,8 billion de dollars par jour. Algues pour la production de biodiesel pourrait introduire des emplois locaux, et une production diversifiée de combustibles et de la sécurité économique et énergétique neutre en carbone du biodiesel.

Techniques d'algues Culture - Chapter Seven

Taux calculs de croissance:

Le calcul de la culture d'algues se fait avec l'équation du premier ordre: dCV / dt = UCV, où u est le "taux de croissance spécifique" et CV est le «volume total de cellules par litre."

- LnCVt1 = u (T1-T2) lnCVt2: lorsque vous intégrez dans l'intervalle de temps entre t1 et t2, l'équation est obtenue par la croissance log-linéaire. Où CV ln est le logarithme naturel du volume de cellules par litre. Si la culture de cellules se développe à un tracé de ln taux CV constante donnent une ligne droite.

Une méthode simple pour calculer les taux de croissance:

Algues, lorsqu'il est introduit dans un milieu de la culture comme un inoculum de croissance, commencer par une "acclimatation" où les taux de croissance sont d'abord inhibées. Les algues sont "choqueadas" lors de la saisie d'un nouvel environnement, et c'est la période d'acclimatation, qui se produit parfois pendant plusieurs jours à plusieurs jours, avec une nouvelle culture dans un nouveau milieu de croissance.

La croissance d'algues après une période d'acclimatation, pénètre dans une "phase exponentielle de croissance," où la population se multiplie rapidement, avec une augmentation du taux de croissance. Cette phase de croissance exponentielle est l'endroit où les chercheurs à trouver leurs conditions idéales.

Pendant la phase exponentielle de croissance est le "taux d'accroissement" dans les cellules par unité de temps est proportionnelle à la quantité présente au début des cellules unitaires de temps. La croissance de la population d'algues est l'équation suivante: $dn / dt = rN$. $(1) = N (0)$ N: La solution de cette équation est bien connu et la température ambiante.

La population initiale des algues est mesurée N (o), au moment du démarrage (T1), la population d'algues N (1) est mesuré à la fin de votre période. Le nombre N (t) - est ce que vous avez produit, est égal à N (o), avec ce que vous avez commencé, avec un taux de croissance (r) dans la période de temps (t).

Une fois que vous avez mesuré N (o) et N (1), sur la période de temps T est résolu pour le taux de croissance relative (r).

Après la phase de croissance exponentielle, les nutriments disponibles, ou d'autres facteurs de grand intérêt pour les chercheurs, sont "limitées" et faible taux de croissance s'arrête brusquement ou soudainement. Si de nouveaux éléments nutritifs sont fournis, puis tombe en pleine croissance des algues dans un accident.

Un biologiste a dit que «les systèmes biologiques, lorsqu'il est stimulé, ou s'adapter ou mourir." Cela est très vrai avec la culture d'algues. Début pionnier algues producteur a déclaré: "La croissance est limitée par ce qui est le plus nécessaire" - Blackman (1905).

Les taux de croissance des algues ne sont pas les mêmes que la biomasse accumulation.

Les taux de croissance parler du nombre de divisions cellulaires. Un algues biomasse est préoccupé "de masse" totale en termes de masse sèche d'algues présents aux heures de début et de fin de la période, nous avons étudié.

Le rendement des algues est déterminée en mesurant l'inoculant de la masse sèche au début de la culture d'algues, et en mesurant la masse sèche de la fin de la période de culture. La croissance équilibrée et déséquilibrée de la culture des algues est déterminé par l'état - et - étape

Croissance des algues qui se produit dans votre photobioréacteur.

Le taux de croissance spécifique est un "taux de variation" de la biomasse et est déterminée par l'amplitude du processus
"anabolique" (photosynthèse) et traite
"catabolique" (respiration): $U = PR$, où U est la "taux de croissance spécifique" et P R est la photosynthèse et de la respiration.

L'irradiation quotidienne du cycle solaire produit un "déséquilibre" Journal de la photosynthèse par rapport à la respiration. Cela garantit que la croissance "asymétrique" est un grand mécanisme de gatilleo dans la croissance des algues.

Espèces d'algues sont très marquées par leur capacité à "s'acclimater" aux conditions de leur environnement. Cette fonctionnalité est exploitée par les agriculteurs d'algues, en répétant conditions tous les jours, tels que la "formation" des algues. Algues taxons répon sorties plus prévisibles.

Les algues sont cycle de croissance traditionnel de 5 étages. Ils sont acclimatation point de compensation, la croissance exponentielle, la saturation et l'effondrement (si pas ajouter quelque chose de plus). Ces cinq étapes de la croissance sont une courbe classique.

Acclimatation se produit lors de leur milieu de culture inoculé avec une petite quantité d'espèces pures. Rémunération se produit lorsque la photosynthèse dépasse l'énergie requise par la cellule pour la respiration et de la reproduction.

La croissance exponentielle se produit à l'époque que toutes les algues disponibles consomment tous les nutriments disponibles. Cette phase est d'un grand intérêt pour les chercheurs dans les algues. Comme le point de saturation maximale se produit lorsque le taux de croissance est obtenue diminue. La dernière étape est l'effondrement. Combien de nutriments, les cellules sont épuisés de micro-algues commencent à mourir, commencent généralement à disparaître.

Manipulation des cellules en limitant certaines variables (nutriments habituellement), vous pouvez «former» leurs algues pour répondre à différents stimuli.

Early works dans les algues Culture

Le producteur Pioneer algues, Otto Warburg (1931), a remporté le prix Nobel dans les enquêtes par l'explication de la photosynthèse oxygéné, décrivant les chemins respiratoires, en utilisant les espèces d'algues Chlorella verts. Warburg est un héros dans le domaine de phycologie.

La croissance des algues et des cultures de microalgues les méthodes de laboratoire, est ancrée dans des techniques développées dans les années 1800 et au début des années 1900.

Le début de l'histoire de l'humanité algues a probablement commencé avec l'homme paléolithique naturellement regardé la récolte des algues dans les étangs et les piscines des marées. Algues séchées peuvent être ajoutées aux éléments nutritifs essentiels et pris en compte dans les recettes et les épices anciennes.

L'algoculture dans l'ère moderne a commencé en 1950, dans la baie de Tokyo, et continue à ce jour au Japon, et à travers le monde. progrès récents dans les méthodes de culture des algues a été déplacée à la culture algues (algacultura) dans les marchés à croissance rapide d'acides aminés, protéines, antioxydants, riche en oméga-3 des lipides et d'autres molécules organiques.

Les algues sont de plus en plus l'option de réserve de nourriture pour fournir des produits cosmétiques, des nutraceutiques, de l'aquaculture et de biodiesel

Ferdinand Cohn (1850), le fondateur de la bactériologie, père a réussi à maintenir et écrit propos flagellés unicellulaires de Chlorophyae -

Haematococcus pluvialis dans son laboratoire à Wroclaw, en Pologne. Les algues Haematococcus pluvialis est précieux pour sa production d'astaxanthine.

Famintzin (vers 1871), Saint-Pétersbourg, en Russie décrit ses traités propos de la croissance des algues dans une solution de divers sels organiques dissoutes.

Beaucoup croissance des algues sont effectuées en utilisant un cycle de photopériode de 12 heures de lumière et 12 heures sans. Cependant, allongeant ou en raccourcissant ce taux a un impact sur la physiologie des cellules et leur réponse. Si les "heures de soleil" augmente les algues reconnaît que l'été arrive et augmente leur réponse photosynthétique. Si les "chaises" algues heures de raccourcir le temps de reconnaître que «l'hiver est à venir" et produire plus de lipides.

Les techniques de culture sont inoculer leur milieu de culture, la mesure de la mass start, et la mise en place de la photopériode. Mesurer tous les macro et micro nutriments, les ions métalliques, des vitamines, et le volume de la masse de CO_2 transféré et O_2 de votre système. Mesurer la masse finale, à travers le T1-T2, permet de calculer temps son taux de croissance.

Chapitre Huit - Foire aux Questions et réponses sur Fotobioreactores

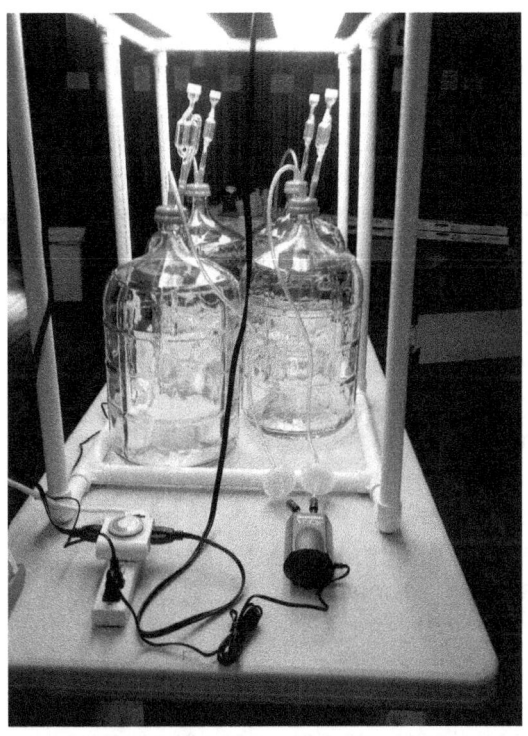

Question: Qu'est-ce qu'un Photobioréacteur?

Un photobioréacteur (FBR) est un bioréacteur stimulé par des sources lumineuses. Habituellement, cette source de lumière produit l'énergie de photon de rayonnement photosynthétiquement actif (PAR) dans la gamme de longueurs d'onde de 400 nm à 700 nm. Un photobioréacteur comprend des conteneurs de base de croissance optique, les orifices de ventilation, ouvertures de sortie, filtres bactériens, sources de lumière, Light Timer, mécanique et structure.

Question : Qu'est-ce que la culture d'algues Kits?

Un kit de croissance des algues Photobioréacteur est un FBR entièrement équipée de vous joindre. Ces kits comprennent une structure mécanique, et Light System produit un nominal de 200 RFA de lumière micro-moles/m2/seg.

Les kits comprennent une minuterie dur FBR et le système d'alimentation pour contrôler leur photopériode (généralement de 12 heures de lumière et 12 heures d'obscurité) et la fiche d'alimentation fusionné. Les kits comprennent FBR un système pneumatique de deux (2) pompes à air d, quatre (4) clapets et quatre (4) filtres biologiques (0,22 microns) pour éliminer les bactéries du système de ventilation avant d'entrer dans les récipients de culture quatre (4) tubes de pyrex de verre pour l'aération dans des conteneurs de croissance.

Question : Pourquoi construire un kit FBR?

Vous pouvez obtenir votre propre matériel et construire leur propre kit FBR. FBR Ce kit contient tout le matériel de laboratoire de base dont vous avez besoin pour la croissance des algues taxons dans un environnement contrôlé, avec faible coût d'investissement.

Le marché FBR de qualité commerciale, sont généralement coûteux et offre quelques nouvelles fonctionnalités et des caractéristiques qui ne sont pas essentiels, tels que le système d'acquisition de données, si vous utilisez les techniques de la "vieille école," comme les tests de titrage.

Question: Peut-il ya je la mise à l'échelle d'un Kit FBR?

Oui Kits de FBR s'adaptent à la capacité en ajoutant simplement plus. Chaque kit a une superficie de 8 pieds carrés (0,743 m2) et d'une capacité de 80 litres. Pour obtenir de meilleurs utilisation des capacités multiples kits FBR. Si vous avez besoin de 800 litres de capacité de croissance des algues utiliser 10 kits.

Exemple de grande échelle: (Remarque: kits FBR sont pour une utilisation en intérieur, cet exemple suppose un espace approprié inside job).

Âcre s'étend sur environ 43 559 pieds carrés (4051 m2). En l'espace de séparation, (70% de la consommation nette) entre les RNR, vous pouvez installer 3812 kits photobioréacteur X-80 Maquettes PBR pour une capacité de 304,960 litres de production. Algal Biomass récolte avec des nutriments, de l'eau et qualité de l'air bien géré et les activités in situ, peut être dans une gamme en fonction des compétences et delas espèces.

Par exemple, (le résultat peut varier, mais il est à des fins d'illustration seulement) Un Chlorophyta peut être récolté 1 gramme par litre dans les cultures bien gérées. (Concentrations sensiblement plus élevés sont rapportés dans la littérature à ce sujet).

Un cycle de gramme / litre de croissance / pourrait donner une biomasse algale brut (poids sec) de 304,960 grammes (304 kg) / acre / cycle de croissance. Utilisation de 25 jours / mois à ce taux de rendement obtenu par exemple, 7600 kg par mois (91200 kg / an) de la biomasse algale.

La viabilité commerciale d'une culture d'algues du système à grande échelle nécessite une équipe de personnes pour le contrôle, la gestion et l'administration du processus de culture, nutriments appropriés, les apports en eau (et de CO_2 en option), et de l'équipement pour le traitement la récolte des algues, la déshydratation et le séchage. Si vous souhaitez explorer les coûts à grande échelle s'il vous plaît contacter nos bureaux.

Question: Combien de biomasse peut grandir avec FBR Kit?

Le biologiste anglais Blackman, au tournant du 20e siècle, a déclaré que "la photosynthèse est limitée par ce qui se processus requis." Les taux de croissance dépendent de la façon dont vous avez équilibré de tous les facteurs, y compris les nutriments nécessaires (macro et micro), les vitamines et les ions dissous.

Les longueurs d'onde et des intensités de lumière RFA, avec photopériode influence que vous avez sélectionné la culture des algues. La santé de l'inoculum lorsque vous démarrez, la gestion et le transfert de masse de CO_2 de l'atmosphère lors de la croissance (aération pendant la respiration cellulaire) sous forme de CO_2 dissous et O_2, et le pH du milieu de culture tout au long de la saison de croissance va dicter le résultat de votre récolte.

La croissance de la biomasse algale (de masse sèche) de 1 gramme / litre par cycle est reproductible, mais peut varier plus ou moins élevée en fonction de vos compétences, le groupe taxonomique, et l'équilibre des paramètres du système tels que la température, le pH et le dosage des nutriments sélectionnés. Pour FBR rendements rapportés sont dans la gamme de 5 à 10 grammes / litre. Vos résultats dépendent de votre milieu, le groupe taxonomique, la lumière RFA, la photopériode et de compétences. Vous pouvez obtenir un chiffre reproductible de 3-4 grammes / litre avec cet équipement.

Question: Combien de lumière produit le kit FBR?

Kit de Photobioréacteur (FBR) comprend deux (2) structures T8 Fluorescent Light Ballast haute efficacité. Quatre (4) des tubes haut rendement T8 avec sortie spectrale de 6500K sont inclus dans le kit. Vous pouvez remplacer les tubes avec différents profils spectraux facilement en utilisant la taille T8. Le niveau de sortie nominal est de 200 micro-moles lumière RFA fotones/m2/Segundo qui peut être ajustée, plus ou moins, en utilisant différents segments ou en mettant en suspension la lumière à différentes hauteurs, par une suspension de la chaîne est inclus. Les ampoules ou tubes lumineux sont prévus pour 20,000 heures d'utilisation.

Question: Combien de temps faut FBR assembler le kit?

Kits FBR sont faciles à assembler et relativement rapide. Le montage d'un kit complet prend environ deux heures si vous allez lentement et régulièrement. Remarque: lorsque vous êtes prêt à démonter les raccords ensemencer les récipients de culture et d'utiliser Sanitarizador (100% non-toxique) en suivant les instructions qui s'évapore et laisse votre surface de travail prêt pour une connexion rapide, puis vous êtes prêt à inoculer la souche de départ.

Question: Ce qui est inclus dans le système pneumatique du FBR Kits?

FBR kits comprennent un système d'aération pompe à haut rendement, composé de deux (2) pompes à air, quatre (4) clapets, quatre (4) 0,22 filtres bactériens micron (un pour chaque navire de la culture) avec vingt-deux (22") pouces (0,559 m) tuyau en plastique de qualité alimentaire PBR et accessoires non-toxique, et quatre (4) des tubes en verre Pyrex pour l'aération dans des conteneurs de croissance, comme dans le barème des partis dans **le chapitre trois**.

Question: Comment faire pour contrôler la température?

Ces kits sont conçus pour les algues FBR pour une utilisation en intérieur. Pour contrôler la température de votre conteneurs photobioréacteur de plus en plus, vous pouvez contrôler la température ambiante du laboratoire ou pouvez ajouter des éléments de chauffage tels que des plats chauds, vous pouvez obtenir localement. De nombreuses algues se développent à des niveaux d'environ 20 degrés C de température

Question: Comment puis-je tirer le Fotobiorreactores?

Chaque récipient en verre pour la croissance, 20 ou 25 litres (Kit contient 4 navires) est équipé de fiches spéciales dégagement facile. (Utilisation de plastique de qualité alimentaire 100% non-toxique). Lorsque vous souhaitez accéder à vos récipients de culture, soit le chargement de leur milieu de culture par échantillonnage ou la récolte, retirez la fiche et insérez votre verre de pipette ou autre ustensile de pomper ou d'effectuer l'enlèvement manuel de la culture. Remettre le bouchon lorsque vous avez terminé d'extraction. Ne pas éteindre les pompes à air. Ils peuvent fonctionner 24/7

Question: Comment puis-je secouer les cultures?

Structure mécanique inclus dans le kit de conception FBR permet un accès facile à tous les composants. Kit e mécanique Encadrement PBR inclus dans la conception, permet un accès facile à tous les composants. Avec le même soin sur les raccords pneumatiques qui viennent de pompes à air, vous pouvez facilement conteneurs "Spin" donner manuellement les algues douce mais bon mouvement secouant des contenants non ouverts.

Question: Ai-je besoin d'outils spéciaux pour assembler Kits FBR?

Outils de coupe n,° ruban à mesurer, ciseaux et des gants en plastique (recommandé). Une fois que vous avez assemblé votre structure, vous pouvez aller rejoindre des parties avec de la colle PVC obtenu localement.

Chapitre Neuf - Guide rapide pour bâtir une Photobioréacteur

Kits pour la culture des algues Photobioréacteur sont conçus pour les chercheurs dans le domaine, qui souhaitent mener des expériences, et de l'équipement nécessaires pour développer des monocultures d'algues.

Utilisez photobioréacteurs culture d'algues FBR pour créer la photosynthèse et les champs d'algues contrôlée pour leurs protéines incroyables et précieuses, des acides aminés, des lipides et des antioxydants, des vitamines et d'autres composés étonnantes. Kits pour cultiver des algues Photobioréacteur 80 litres sont conçus pour développer et monocultures de récolte d'algues présents dans votre eau.

Première étape: Assembler la structure de tuyau en PVC-vous disponible dans les magasins locaux. Couper des longueurs comme décrit dans le chapitre trois.

Deuxième étape: Assembler les contenants en verre de culture avec 2 bouchons (plastique de qualité alimentaire 100% non-toxique). Sur l'un des trous, faire glisser un tube de verre (4 mm) à proximité du fond du récipient en verre, en laissant 2 pouces (51 mm) au-dessus du bouchon. Il s'agit de l'entrée d'air du tube de verre. A la fin des autres courbes de Pascal trou d'insertion s'étendant entre eux à la base de la calotte. Cette vanne est la "sortie" libérer la pression d'air interne et de fournir une pression constante.

Pasteur courbes empêchent les bactéries de l'élaboration du récipient.

Troisième étape: Assembler les pompes à air. Vous allez utiliser les deux pompes à air, obtenus dans un magasin de fournitures d'aquarium, avec une division et deux "valves de blocage." Vous pompez l'air dans deux conteneurs de croissance avec une bombe. Comme chaque pompe, et avant chaque récipient, placer en contrôle en ligne soupape, et chaque conteneur avant de placer un filtre bactérien 0,22 um. Cela permettra d'éliminer toute bactérie ou de diriger l'air entrant.

Quatrième étape: Se connecter en utilisant la ligne de qualité alimentaire 100% non-toxique pour le filtre bactérien tuyau d'entrée d'air dans l'un des trou du bouchon. La longueur du tube en plastique est d'environ 22 "(0,559 m). L'air est maintenant pompée par une pompe à travers une entretoise pour aller croissante des conteneurs. Chaque "pour" à partir de la pompe "stripper" avoir un clapet anti-retour et un filtre anti-bactérien. Avec la conduite, la façon dont il a été décrit ci-dessus, relier la partie de vos flux bactériennes jusqu'à l'entrée de la conduite d'air dans un bouchon de filtre du trou.

Cinquième étape: Rejoignez fluorescentes supports, et placer sur le dessus de la structure mécanique. Branchez les unités légères à une bande de puissance, une minuterie et enfin brancher celui-ci à la prise de courant sur le mur.

Sixième étape: Retirer les tubes et la verrerie et tremper dans le stérilisateur (de type évaporation) avant de charger les conteneurs avec milieu de culture, et ensemencer.

Cela a un photobioréacteur vous pouvez construire vous-même. Cultiver des algues à but lucratif, de plus en plus d'espèces de grande valeur.

www.ingramcontent.com/pod-product-compliance
Lightning Source LLC
Chambersburg PA
CBHW071607170526
45166CB00003B/1020